AF582269

CÉPAGES

ET

VINS BEAUJOLAIS

PAR

VICTOR PULLIAT

PROPRIÉTAIRE-VITICULTEUR

LYON
IMPRIMERIE TYPOGRAPHIQUE DE C. JAILLET
Rue Mercière, 92.

CÉPAGES ET VINS BEAUJOLAIS (1)

DE LA VIGNE EN GÉNÉRAL.

En France, la culture de la vigne est essentiellement nationale; elle forme le plus beau fleuron de sa couronne agricole. Si d'autres contrées étrangères nous disputent les palmes de l'industrie et des beaux-arts, si plusieurs d'entre elles nous égalent ou nous surpassent dans l'élevage ou l'engraissement du bétail, la culture des céréales ou autres plantes utiles, aucune ne peut rivaliser avec nous par ses produits vinicoles.

La nature semble avoir voulu doter la France du privilége des grands vins, en réunissant sur son territoire toutes les conditions climatériques et minéralogiques,indispensables à la production des vins les plus variés, depuis les grands et les petits ordinaires les plus indispensables à l'alimentation des populations, jusqu'aux vins les plus distingués; depuis l'inimitable Champagne, français par excellence, jusqu'aux vins secs et liquoreux qui peuvent rivaliser avec tout ce que les vignobles étrangers peuvent produire de plus précieux, quand ils ne le surpassent pas.

Aux dons précieux de la nature sont venus se joindre le dur travail de nos intrépides vignerons,qui n'ont reculé devant aucune fatigue, aucun obstacle, pour créer de riches vignobles, soit sur les

(1) Extrait de la *Revue des Jardins et des Champs.*

rochers granitiques des côtes du Rhône, à l'Ermitage, à Côte-Rotie, soit sur les flancs des montagnes du Beaujolais et les roches calcaires de la Bourgogne, dans les craies de la Champagne et les olios du Médoc.

Comme toutes les autres cultures, celle de la vigne progresse depuis quelques années, grâce à des écrivains, à des praticiens bien connus de tous les viticulteurs (1). L'étude des cépages si intéressante, soit au point de vue agricole, soit au point de vue scientifique, ne compte pas d'aussi nombreux adeptes : à peine peut-on citer quelques ouvrages incomplets ou de fantaisie dont les descriptions sont le plus souvent défectueuses et les renseignements inexacts. L'Ampélographie française, pour être complète, nécessite la collaboration de savants et de praticiens ayant une connaissance approfondie de toutes les espèces et variétés de vignes cultivées dans la région qu'ils habitent; mais comme le dit très-bien un de ces rares savants dévoués à l'étude de la vigne : le champ est tellement vaste qu'il faudra de nombreuses années et de nombreux travailleurs pour le parcourir (2). »

Tous les ouvriers de la vigne, de quelque rang, de quelque condition qu'ils soient, sont donc appelés indistinctement à apporter leur contingent de connaissances et d'études au grand ouvrage qui s'appellera vraisemblablement : *l'Histoire universelle de la Vigne.* C'est pourquoi un simple vigneron du Beaujolais vient ici faire quelques remarques sur les cépages de ce vignoble, et sur la manière la plus avantageuse de les cultiver.

J'aurai peu de choses à dire sur la culture proprement dite et la vinification : d'autres personnes plus autorisées que moi ont publié sur ce sujet des écrits très-exacts, qui valent mieux que tout ce que je pourrais dire. Je m'étendrai de préférence sur les divers plants améliorés, sur la taille qui convient à chacun, leur multiplication, leurs qualités et leurs produits.

---

(1) J. Guyot, Dubreuil, Rose-Charmeux, F. Fleurot. Ladrey, Pistor-Paillet, Lavergne, Cazalis-Allut, etc., etc.

(2) F. Fleurot, *Essais gleucométriques*. 1862.

TOPOGRAPHIE ET STATISTIQUE.

Les vignobles du Beaujolais, situés sous le 46e degré de latitude nord, sont plantés à mi-côte et aux pieds de la chaîne de montagnes qui longe la rive droite de la Saône, depuis Mâcon jusqu'à Villefranche. Les coteaux exposés au soleil levant, sillonnés par de nombreux ruisseaux, dont les eaux se jettent dans la Saône, forment de nombreuses vallées très-accidentées dont les gorges se dirigent généralement de l'ouest à l'est. Le Beaujolais se divise en haut et bas Beaujolais. Le premier (le seul dont je m'occupe) produit des vins plus distingués que le second ; il se compose des cantons de Beaujeu et de Belleville, limités au sud par le canton de Villefranche, et s'étend au nord jusqu'à la commune de la Chapelle-de-Guinchay, commune appartenant au département de Saône-et-Loire, mais dont les produits sont considérés comme Beaujolais et se vendent comme tels. Restreint dans ses limites, le haut Beaujolais cultive 20,000 hectares de vignes, sur une longueur de 14 kilomètres et sur une largeur variable de 5 à 8. Le rendement, sur une moyenne de dix années, d'après les notes officielles, est de 35 hectolitres à l'hectare, correspondant à 4,050 kilogr. de raisins.

Le sol des coteaux du haut Beaujolais est généralement granitique-porphyrique, fortement imprégné d'oxide de fer. Dans quelques localités, l'argile se rencontre assez fréquemment; dans d'autres, le schiste se trouve mélangé avec le granit par bancs d'épaisseur variable. Aux pieds des coteaux, en se rapprochant des bords de la Saône, le sol que l'on rencontre se compose de terres d'alluvion beaucoup plus riches que celles des coteaux, mais produisant un vin de qualité inférieure.

CÉPAGE-TYPE DU BEAUJOLAIS.

Le Beaujolais cultive, de temps immémorial, le *petit Gamay* appelé aussi par nos vignerons : *Bourguignon noir*. Ce dernier nom semble indiquer que cette variété de vigne nous est originaire de la Côte-d'Or; quant au premier, il indiquerait aussi la même provenance, s'il est vrai que ce nom de Gamay lui vient du bourg de Gamay, situé dans l'arrière-côte bourguignonne, où elle aura été trouvée ou cultivée de prédilection.

De cela, faut-il conclure que le cépage qui a fait l'honneur et la réputation de nos vignobles,soit le *gros Gamay*, l'infâme, proscrit jadis par les parlements, les rois et les princes des grands vins? Cette question est d'autant plus difficile à résoudre qu'il n'existe, dans les ouvrages anciens, aucune description exacte, indiquant à quel signe, à quel caractère, on peut reconnaître cet infâme. N'est-il pas plus probable qu'il est une amélioration obtenue par un croisement d'espèces ou par un semis de hasard? Ne doit-on pas rejeter cette infamie sur des plants plus inférieurs tels que le *Gamay d'Orléans*, le *Liverdun*, le *Varenne noir*, et celui connu de nos vignerons sous le nom de *Verdat*, variétés appartenant toutes quatre à la nombreuse tribu des Gamays, mais différant complètement de notre Bourguignon noir ou petit Gamay.

Avant de donner la description de ce cépage, je dois dire que parmi les caractères qui distinguent les espèces et les variétés, les uns sont constants et les autres variables. Les premiers seuls doivent être considérés comme déterminant la variété ou l'espèce, tandis que les seconds ne sont que le complément de la description.

Les caractères constants sont :

1° La forme du grain toujours invariable suivant l'espèce;

2° Le goût propre à une tribu, telle que celle des *Muscats*, des *Malvoisies*, quelques raisins d'Amérique, etc.;

3° Le bourgeonnement ou jeune pousse de la vigne;

4° La présence ou l'absence de duvets poileux ou aranéeux sur ou sous la feuille ;

5° La dentelure de la feuille ;

6° La forme et la dimension des vrilles.

La couleur du sarment et de la feuille, les sinus plus ou moins profonds, la distance des mérithalles ou entre-nœuds sont des caractères bons à signaler quand ils sont bien tranchés, mais auxquels il ne faut attacher qu'une certaine importance, attendu qu'ils varient suivant l'exposition, le choix des sarments, la vigueur du sujet, la qualité du sol, les engrais qu'on lui donne, ou diverses autres influences. Il n'est donc pas possible d'admettre, comme variétés ou même sous-variétés, des plants de vignes qui ne diffèrent du type d'où ils proviennent que par des caractères qui n'ont aucune fixité. Aussi, je ne partage nullement l'avis des auteurs qui ont considéré nos divers plants améliorés comme distincts entre eux et produisant des vins différents. Il est vrai qu'aucun d'eux ne nous a signalé quels étaient les caractères constants qui pouvaient les distinguer.

La description de notre cépage-type, tel qu'on le retrouve dans des vignes séculaires et l'historique de nos plants améliorés, dont les premiers ne datent que de 1812 ou 1815, prouveront avec évidence qu'ils ne diffèrent nullement de l'ancien petit Gamay, mais qu'ils ne sont qu'un seul et même cépage produisant, lorsqu'ils sont plantés dans les mêmes conditions, des vins absolument semblables.

Le petit Gamay, type de tous nos plants améliorés, se reconnaît aux caractères suivants : bourgeonnement d'un vert jaunâtre, légèrement duveteux ; sarments érigés, se soutenant d'eux-mêmes, lorsque la vigne n'est pas trop jeune et trop vigoureuse; mérithalles moyennes; vrilles courtes à deux lacets ; feuilles moyennes d'un vert tendre, un peu plus longues que larges, nues et lisses sur les deux faces ; lobes ordinairement peu marqués ; grappes moyennes, le plus souvent cylindriques, quelquefois ailées ou munies de grappes supplémentaires, plus ou moins serrées suivant l'amélioration des plants ; grains d'un beau noir, légèrement recouverts d'une poussière blanche; forme ovoïde (12 millimètres sur 15); chair molle, juteuse, à saveur sucrée, atteignant dans le Beaujolais, par une année chaude, 13 degrés de richesses saccharines, et jamais moins de 9 dans les années les plus froides.

AMÉLIORATIONS DU PETIT GAMAY.

Les diverses améliorations ou plants obtenus par les vignerons beaujolais, ne diffèrent du *petit Gamay* que j'ai décrit, que par le plus ou le moins de fertilité et le plus ou le moins de vigueur, suivant que ces plants améliorés proviennent d'un choix de sarments fait sur un cep à constitution ligneuse ou à constitution fructifère. Quoiqu'ils ne constituent ni les uns ni les autres les variétés du type, ils ne méritent pas moins de fixer l'attention du vigneron, qui peut utiliser avantageusement les dispositions de chacun d'eux, suivant le terrain qu'il cultive.

Depuis longtemps l'horticulture connait l'importance d'un sujet bien choisi. Elle sait que les qualités et les défauts de ce sujet se transmettent à la plante qui en provient: la théorie de la bouture et de la greffe n'a pas d'autre principe. La vigne, loin de faire exception à cette règle, subit peut-être, plus que beaucoup d'autres végétaux, l'influence du choix des boutures: les expériences nombreuses et suivies qu'en ont fait les vignerons du haut et du bas Beaujolais peuvent l'attester.

Avant 1800 le petit Gamay noir, quoique formant le fonds de nos vignobles, se trouvait mélangé avec un assez grand nombre de variétés de vignes blanches et noires, d'un choix plus ou moins bien raisonné. On retrouve dans les vignes plantées à cette époque ou antérieurement, le *Pineau noir*, franc pineau ou *Noirien*, le *Chanay noir*, le *Pineau blanc* ou *Chardonné*, le *Pineau gris* ou *Beurrot*, plus connu de nos vignerons sous le nom de *Levrault*. Ces quatre cépages, loin de nuire à la qualité de nos vins, ne pouvaient que leur donner de la finesse, du montant et de la solidité, si l'on n'avait pas admis avec eux des variétés de vignes qui sont bien inférieures, telles que le *Mornin blanc*,le *Gamay blanc* (Bourguignon blanc du Beaujolais), le *Mecle blanc* (*Aligoté* de la Côte-d'Or), le *Verdet* (variété de gros Gamay noir) et le *Mornin noir*, qui n'est autre que la *Mondeuse*. Le bon effet qu'auraient pu produire sur nos vins les quatre premiers cépages était complètement neutralisé par la grossièreté des cinq derniers, et la tardive maturité de deux d'entre eux, le Verdet et le Mornin noir ou Mondeuse. A mon avis, nos vignerons ont fait preuve de sagacité en éliminant de leurs cultures les cépages grossiers : peut-être auraient-ils bien fait de conserver les cépages fins, s'associant très-bien avec notre petit Gamay, qui n'aurait qu'à gagner à leur mélange.

La première amélioration signalée dans le Beaujolais en 1800, fut celle de M. Labronde, riche propriétaire, à Pommiers, près Villefranche. Contre le mur de son habitation existait une treille dont les nombreuses fleurs nouaient, invariablement, bon ou mal an. Cette fertilité constante et à toute épreuve éveilla l'attention de M. Labronde, et, quelques années s'étaient à peine écoulées, que la treille comptait déjà de nombreux rejetons propagés. Les excellents résultats qu'ils donnèrent furent un encouragement pour M. Labronde, qui en avait couvert plusieurs hectares de sa belle propriété, d'où ils se répandirent dans tout le Beaujolais. Ce plant est connu dans quelques localités et désigné dans les catalogues sous le nom de *Gamay des Gamays*.

L'exemple donné par M. Labronde fut suivi par plusieurs vignerons, qui donnèrent aussi leurs noms aux plants qu'ils avaient choisis. En 1820, le vigneron Picard, alors petit propriétaire à Blacéré,canton de Belleville,village situé à 8 kilomètres nord de Villefranche, commença de son côté à multiplier les sarments d'une treille remarquable par sa fertilité, dont les raisins étaient tous les ans plus beaux que ceux des vignes ordinaires. Chaque année le choix des sarments fut fait avec tant de soins que, dans les vignes qui en furent plantées, il était difficile de trouver des ceps dont le produit laissât quelque chose à désirer. Bientôt connu et apprécié, ce plant fut demandé de tous côtés à son heureux multiplicateur, qui ne suffisait pas à fournir des *chapons* malgré leur prix très-élevé. Le petit propriétaire de 1820 est devenu riche en peu d'années par la vente de ses boutures, et les magnifiques récoltes de ses vignes améliorées. Il laisse à ses enfants un nom honorable et un beau patrimoine.

Ces deux plants, par leur végétation modérée, leur fructification régulière et toujours soutenue, leur résistance à la coulure et à l'avortement des grains,que nous appelons *Millassé* et les Bourguignons *Millerandé*, forment, pour moi, un groupe que j'appellerai : à *constitution fructifère*.

Les améliorations dont il me reste à parler formeront, au contraire, le groupe à constitution ligneuse, à cause de leur végétation comparativement plus vigoureuse, de leurs grappes moins serrées et de leur plus grande disposition à la coulure.

Je dois mentionner d'abord comme un des plus propagés et des plus recommandables le *plant Nicolas*, obtenu par le vigneron de ce nom, habitant le bourg de Blacé, canton de Villefranche, de 1812 à 1815. Comme Picard, il multiplia des sarments pris sur une treille dont les raisins étaient chaque année magnifiques et très-nombreux, ce qui a valu à cette amélioration le nom de *Plant de la Treille*.

Je lui maintiens sa première dénomination, d'abord pour conserver le nom de son obtenteur, ce qui est justice, et puis parce que les plants de Labronde et de Picard pourraient s'appeler avec autant de raison : Plants de la Treille. Le *plant Châtillon*, obtenu peu d'années après celui de Labronde par le vigneron Châtillon, d'Anse, fut le résultat d'un triage fait dans une de ses vignes, sur quelques ceps qui contrastaient avec ceux qui les entouraient par un produit extraordinaire. Ce plant eut pendant quelques années une grande vogue ; mais, soit négligence, soit fraude de la part de ceux qui le fournissaient, soit que d'autres améliorations l'aient supplanté, il n'est plus guère connu aujourd'hui dans le Haut-Beaujolais. On lui préfère le plant Geoffray ou plant de Vaux, nom de la commune ou le vignerons Geoffray l'a obtenu.

Il serait oiseux d'entrer dans plus de détails sur l'historique de toutes les améliorations en cépages connus dans le Beaujolais, attendu que le procédé de chaque vigneron a été partout et toujours le même. Je me bornerai donc à désigner les plus connus :

Ce sont les plants : Charmeton, Monternier, Tondu, Châtaignet, Magny. Ce dernier n'est pas cultivé dans le Beaujolais proprement dit, mais seulement dans le canton du Bois-d'Oingt. J'ai tiré de chez M. Magny, de St-Laurent-d'Oingt, plusieurs milliers de ce plant dont j'ai été très-satisfait ; il est fertile et rustique. Je puis citer encore les *Gamays de St-Romain*, *Ovola*, *de St-Galmier*, etc., mais comme ils ne sont pas cultivés dans nos vignobles, ils auront leur place dans la courte description que je donnerai de quelques cépages de l'est de la France.

Avant d'en finir avec nos cépages améliorés, je dois signaler quelques inexactitudes de l'*Ampelographie universelle* du comte Odart, au chapitre des Cépages Beaujolais. Il n'est pas exact, comme il veut bien le dire, que le *Plant Chatillon* soit plus précoce que le petit Gamay ou ses améliorations : ce plant n'est ni plus ni moins hâtif que les autres dont nous venons de parler. Il n'est pas exact non plus que les feuilles du plant Picard soient fouettées de rouge dès la fin de juin : ce caractère a pu exister sur quelques échantillons de la nombreuse collection du célèbre ampélographe, mais à coup sûr il n'est pas à la connaissance d'aucun vigneron beaujolais. On ne peut pas croire non plus avec lui que le *Plant Nicolas* puisse être un hybride de Gamay et de Pineau, quand nous voyons que par tous ses caractères il ne diffère nullement du petit Gamay et qu'il n'a aucune ressemblance avec le Pineau, cépage si différent des nôtres. Il est vrai que cette hybridation prétendue est motivée par le goût sucré et légèrement musqué qu'il lui prête (au *Plant Nicolas*): pour moi ce goût est tout à fait imaginaire, mais existât-il, ce ne serait pas sa parenté avec le Pineau qui le lui donnerait, attendu que ce dernier pas plus que le Gamay n'a le moindre goût musqué. Quant à cette saveur sucrée qui serait plus prononcée que dans nos autres plants, je n'en ai pas la moindre connaissance. Les nombreux essais gleucométriques et comparatifs que j'ai faits sur les raisins de nos divers plants, pris dans des conditions à peu près identiques ne m'ont jamais donné une différence appréciable.

En résumé, tout nos différents plans ont la même origine : le petit Gamay, et le même procédé d'amélioration : un choix de sarments fait sur des sujets distingués par leur fertilité ou leur vigueur. Ce sont là les seuls moyens employés par des vignerons intelligents à qui nous devons de justes tributs de reconnaissance pour avoir augmenté la production de nos vignobles, sans nuire à la qualité de leurs vins. Quoi qu'en puissent dire quelques détracteurs, ces améliorations, pas plus les unes que les autres, n'ont pu changer en rien ni les caractères botaniques, ni les qualités vinifères du petit Gamay; elles ne sont dues qu'à un grand soin apporté dans le choix des sarments, et jamais il n'a été admis que la bouture pas plus que la marcotte et la greffe aient pu produire la moindre variété : il est, au contraire, reconnu par tous les savants et les praticiens que ces trois modes de multiplication reproduisent identiquement avec ses qualités ou ses défauts le sujet multiplié. Le semis seul peut faire varier une espèce et je ne sache pas qu'aucun de nos plants améliorés ait été obtenu par ce procédé de multiplication qui n'a jamais été employé par nos vignerons et qui leur est complètement inconnu.

Il est à remarquer que nos améliorations les plus recommandables ont été obtenues par des boutures prises sur des treilles, lesquelles provenaient déjà vraisemblablement de sarments choisis avec soin et plantés dans un sol riche et bien approprié à la nature de cette plante. La vigne plantée pêle-mêle ou en lignes à des distances très-rapprochées n'a qu'une vie artificielle qui ne peut se soutenir que par des fumures, des terrages, des provignages et une culture incessante. Lors qu'au contraire on lui donne de l'espace et que ses racines puissantes peuvent tracer au loin dans un sol favorable, elle reprend ses allures naturelles, elle étend à de grandes distances, dans les mêmes proportions que ses racines, de longs pampres chargés de fruits, sans exiger aucune culture. La taille seule et le palissage deviennent nécessaires, si l'on veut plier les sarments à une forme régulière et répartir également la sève. Dans ces conditions, une treille fournit des boutures préférables à celles des vignes basses cultivées dans un espace resserré, parce qu'elles proviennent d'un cep plus fortement constitué, puisant largement dans une terre riche tous les éléments nécessaires à la formation de beaux fruits et de beaux sarments.

Chacun de nos plants a ses partisans et ses détracteurs. Au plant Picard et Labronde qui forment mon premier groupe, on reproche de produire trop peu de bois, un raisin trop serré, de s'épuiser vite, d'exiger un sol riche ou des fumures fréquentes. Le second groupe dont le plant Nicolas est le membre le plus distingué, compte surtout pour partisans les vignerons qui cultivent les sols maigres de nos coteaux. Dans ce genre de sol, ils prétendent que les plants vigoureux poussent davantage et sont d'une plus longue durée. Ces plants supportent aussi mieux la taille à outrance des vignerons qui croient récolter davantage en faisant porter à un cep un nombre de raisins quelquefois double de ce que peut permettre l'espace restreint dans lequel il le renferment. Mais pour le vigneron soigneux qui ne fera produire à la vigne que ce qu'elle peut donner, sans l'épuiser, pour celui qui ne voudra ménager ni le défonçage, ni une abondante fumure, pour celui-là les plants à constitution fructifère seront toujours plus avantageux, parce qu'il aura avec eux une récolte toujours plus certaine et plus abondante qui compensera largement le surcroît de dépenses qu'ils exigent.

Tous ces plants sont recommandables, s'ils proviennent de triages faits avec soin sur des vignes jeunes de quatre à dix ans, dont la végétation et le produit ne laissent rien à désirer. Mais comme, au milieu même des vignes plantées dans les meilleures conditions possibles et les mieux soignées, il existe toujours quelques souches dont les raisins coulent ou avortent, soit par des causes accidentelles qui ne se renouvellent que dans certaines circonstances, soit parce que le cep provient d'un gourmand et qu'il court au bois, dans l'un comme dans l'autre cas, ces ceps défectueux doivent être marqués pour être rebutés lors de la taille. Le moment le plus favorable pour ce choix est l'époque qui précède la vendange.

Le raisin, ayant acquis alors tout son développement, montre au vigneron attentif ses qualités et ses défauts ; c'est à lui de bien les discerner. Armé d'un sécateur ou d'une serpette, il parcourt sa vigne dans tous les sens, et, lorsqu'il rencontre un mauvais cep, il en tranche tous les pampres à 25 ou 30 centimètres au-dessus du raisin, afin qu'ils ne puissent pas servir à la multiplication. A l'époque de la taille tous les gourmands ou sarments sortis de terre et le long *des cornes* ou branches coursonnes doivent être rejetés : ceux assis sur la taille de l'année précédente et portant encore les vestiges des pédoncules de la grappe sont seuls employés pour la plantation, à la condition qu'ils soient suffisamment forts et exempts de toute maladie. Tels sont les moyens employés par quelques vignerons jaloux de conserver nos améliorations dans toute leur pureté. Malheureusement, tous n'apportent pas autant de soins dans le choix de leurs chapons ; il n'est pas rare de voir vendre sous les noms les plus recommandables, des boutures qui, loin d'être améliorées, sont au contraire inférieures à notre ancien type : le petit Gamay. Dans cette petite industrie comme dans de plus grandes, la fraude a trouvé le moyen de se glisser ; le propriétaire qui désire établir des plantiers a donc grand intérêt à choisir lui-même la vigne où doivent être pris ses chapons, à faire marquer avant la vendange les souches défectueuses, à faire tailler devant lui, en février ou mars, les chapons de choix qui méritent les plus grands soins. Son vigneron devra former avec ces plants choisis des paquets de 500 boutures et les déposer dans une eau courante, bien limpide, de telle sorte que cinq à six centimètres de la base du sarment soient continuellement humectés jusqu'au moment de la plantation.

Dans quelques vignobles les boutures se conservent en jauge, recouvertes de terre jusqu'à la moitié de leur longueur et quelquefois même on les enterre complètement. Ce procédé, beaucoup plus long et plus coûteux, ne donne pas souvent d'aussi bons résultats que la simple mise à l'eau, si j'en juge par l'expérience que j'en ai faite moi-même.

PLANTATION ET MULTIPLICATION DE LA VIGNE.

Des moyens employés pour la plantation comme des soins apportés à la bonne conservations des boutures dépend leur reprise plus ou moins certaine. Je dirai très-brièvement quelle est notre manière de planter. J'ai tout lieu de la croire bonne, d'abord parce qu'elle nous réussit toujours et puis parce qu'elle est recommandée,sauf quelques détails, par les auteurs les plus autorisés qui ont écrit sur ce sujet.

Dès le commencement d'avril et jusqu'aux premiers jours de mai, lorsque le sol destiné à être mis en vigne a été convenablement miné à tranchées ouvertes et continues de 60 à 70 centimètres de profondeur, lorsqu'il a été dressé et débarrassé de tout ce qui peut gêner la plantation ; le vigneron marque dans la direction la plus convenable ses lignes de ceps et ses compartiments ou *razes* composées de 7 à 8 rangs de ceps chacune et séparées entre elles par une rigole de 50 centimètres de largeur. En plaine, on établit de préférence ces rigoles dans la direction nord-sud parce que lors des gelées printanières, cette disposition attire et facilite le courant du vent du nord qui empêche la condensation du givre sur les jeunes pousses. Dans les coteaux où l'exposition est très-variable, la direction de ces rigoles est subordonnée à la configuration et à l'inclinaison du terrain, à l'écoulement facile des eaux et aux petits chemins ou charrois destinés à l'exploitation.

Les ceps sont rangés en quinconce à 90 centimètres en moyenne sur la ligne parallèle à la rigole, et à 60 centimètres sur le rang en travers. Lorsque toutes ces précautions ont été prises et la place de chaque cep marquée par de petites broches de bois, le vigneron procède à la plantation en creusant avec sa pioche ou bident un petit fossé de 20 à 25 centimètres de profondeur, où il pose verticalement deux sarments accouplés, bien en face de la broche. Sur le pied de ces sarments il jette la terre la plus friable et la plus sèche qu'il rencontre sous sa main, plombe fortement avec le pied pour qu'elle adhère aux boutures, puis recouvre d'une forte pellée de fumier ou de terreau; plombe de nouveau et finit de combler avec le terrain qu'il tire du fossé suivant. Lorsque la plantation est terminée, le sol s'égalise et se dresse de nouveau, les rigoles ou raies sont creusées et les sarments rabattus à un œil au-dessus de terre ou deux yeux au plus.

Dans le Beaujolais, on ne fait usage de la bouture enracinée que pour remplacer les pieds manquants dans les jeunes plantiers, ou bien dans les sols pierreux, et dans ceux argileux et humides où le chapon n'a pas de chance de reprise. Ce mode de plantation, dont on use avec succès dans beaucoup d'autres vignobles, réussirait également bien dans le nôtre, si l'on avait soin de planter avant l'hiver dans les sols exempts d'humidité, et surtout d'employer des plants enracinés de deux ans. J'ai récolté le 20 septembre 1864, sur des chevelus de deux ans (gamays variés), plantés en novembre 1863, de 5 à 7 raisins par cep, aussi beaux que ceux récoltés sur des vignes de trois ans ; j'ai tout lieu de croire que la récolte de l'année prochaine sera double de celle de cette année-ci. La bouture enracinée offre donc d'abord l'avantage d'une reprise certaine, et puis l'avance d'un an sur le chapon, si, toutefois, elle est plantée dans de bonnes conditions. Pour être assuré d'une reprise complète, on ne doit employer que du chevelu qui n'ait subi aucune avarie et qui conserve toute sa fraîcheur, ce que l'on constate en raclant l'écorce des racines. Lorsqu'elles offrent toutes les garanties désirables, on les coupe à 20 ou 30 centimètres de longueur suivant leur force, et l'on procède à la plantation. La bouture maintenue à peu près à la même profondeur qu'en pépinière, et les racines étalées sur de la terre fraiche et friable, on recouvre d'une ou deux pellées de terreau de feuilles bien décomposées et l'on finit de combler avec de la terre ordinaire.

Il est préférable d'arroser la bouture enracinée plutôt que de la tasser avec le pied; mais, dans le cas où il ne serait pas facile de se procurer de l'eau, on plomberait comme nous l'avons dit plus haut pour la bouture simple, mais moins fortement, dans la crainte d'endommager la racine.

Le sol où la plantation a été faite soit avec le chapon, soit avec la bouture enracinée, doit être maintenu parfaitement propre par deux binages donnés l'un en juin, l'autre en août. Beaucoup de vignerons ont la mauvaise habitude de planter dans les rigoles qui séparent les compartiments de vignes, et même à travers les jeunes ceps, tous les légumes imaginables, depuis la carotte et le chou, jusqu'à la courge et le potiron. Toutes ces plantes qui acquièrent, dans la même année, toute leur force et toute leur croissance, absorbent une grande quantité de matières nutritives si nécessaires aux jeunes boutures, dont la santé et la vigueur dépendent, en grande partie, de la bonne nourriture qu'elles ont puisée dans le sol à leur état adulte. Tout ce qui peut nuire à la bonne venue d'une jeune vigne doit donc être évité scrupuleusement, et les moyens de la rendre vigoureuse, recherchés avec le plus grand soin. Le premier et le plus sûr de ces moyens, c'est sans contredit une copieuse fumure, mise en couverture sur le plantier de deux ans, en mai ou bien en août et septembre, époque où les vignes en rapports ne peuvent pas être amendées à cause de la maturité du raisin. C'est à leur deuxième feuille que nos gamays améliorés se constituent à fruit pour commencer à produire l'année suivante. C'est l'âge où ils méritent les plus grands soins et le plus d'engrais sous peine de les épuiser dès leur jeunesse.

L'emploi du provignage pour remplacer les jeunes ceps manquants tend de jour en jour à disparaître dans nos vignobles : on préfère généralement, pour cet usage, la bouture enracinée d'un an, et, par exception, celle de deux ans qui est encore plus avantageuse. Nous partageons en cela l'avis du docteur Guyot qui s'exprime ainsi dans son ouvrage sur la viticulture du sud-ouest de la France : « Le provignage est mauvais, dit-il, pour le cep qui le fournit et qui en est souvent ruiné; il est mauvais pour le cep nouveau constitué sur une souche horizontale, qui n'a ni la vigueur, ni la durée d'une pourette (plant de pépinière), plantée verticalement. »

S'il était possible de douter de l'exactitude de ce principe, il suffirait, pour s'en convaincre, d'arracher quelques ceps venus de boutures et de les comparer avec des pieds de vignes multipliés par le provignage. Les premiers se montreront toujours plus gros, pourvus de nombreuses et fortes racines qui les fixent fortement à la terre, d'où on ne peut les extraire qu'à l'aide d'un levier ou en défonçant le sol, tandis que les seconds, toujours plus faibles, complètement dénudés de racines dans leur partie horizontale, seront garnis seulement dans la partie verticale de racines minces et effilées qui ne les attachent pas suffisamment à la terre, et les exposent à être le jouet du vent lorsqu'ils ne sont pas soutenus par des échalas. Cette comparaison me paraît-être le meilleur raisonnement à opposer aux partisans du provignage.

Un nouveau mode de multiplication semblait devoir supplanter tous les autres, tant il a été vanté et recommandé par la Presse agricole; mais, il est loin d'avoir réalisé toutes les promesses que l'on avait faites ponr lui; je veux parler de la bouture par le bourgeon ou bouture Hudelot. Quoique ce procédé ne soit pas nouveau et que depuis longtemps il fût employé en horticulture, Hudelot est, je crois, le premier qui l'ait employé en grande culture et à air libre. Le semis de bourgeons a pu réussir à souhait dans la terre de bruyère, dans des terrains mélangés de détritus de feuilles et sous une latitude moins chaude que la nôtre; mais dans nos sols graveleux et secs qui conservent peu d'humus du moins à la surface, ce procédé n'a aucune chance de réussite. Je motive mon opinion non-seulement par des essais que j'ai faits avec le plus grand soin, dans des conditions différentes, lesquels sont restés infructueux, mais encore par plusieurs autres que j'ai vu faire dans le Beaujolais; soit en grand, soit en petit, aucun n'a réussi. Je dirai plus, tous ont donné un résultat complétement nul. Nous devons donc, jusqu'à nouvelle découverte, nous en tenir à la bouture courte de six à huit nœuds, soit pour établir une pépinière, soit pour planter à demeure.

GREFFE DE LA VIGNE.

Si, dans la grande culture de la vigne, la greffe n'est pas employée pour la multiplication proprement dite, mais bien pour le remplacement ou le renouvellement des souches stériles ou défectueuses par des variétés améliorées ou méritantes, elle ne doit pas moins être considérée comme le complément de cette opération. C'est à ce titre que je crois devoir la mentionner ici, persuadé qu'elle peut être d'une grande utilité dans beaucoup de circonstances.

Parmi les différentes sortes de greffes employées pour la vigne, j'en distinguerai deux principales :

La greffe à la fente.

La greffe à la gouge.

La première, selon M. Cazalis-Allut, doit être pratiquée de la manière suivante (1) : « On déchausse la souche jusqu'aux premières » racines, on la coupe à quelques centimètres au-dessous du niveau » du sol et on la greffe en fente comme les arbres fruitiers, en intro- » duisant le sarment, taillé en coin, à deux pouces environ de pro- » fondeur, sur le bord de la souche fendue pour le recevoir. Quand » on s'est assuré que la greffe est solidement placée, on recouvre » avec soin la fente, par-dessus et de côté avec de l'argile pétrie, » et l'on ramène avec soin ensuite la terre contre la souche, en » décrivant un cercle, afin de ne pas déranger la greffe avec » l'outil. »

Telle est aussi la manière dont procèdent tous ceux qui greffent à la fente soit la vigne, soit les autres arbres : mais l'éminent viticulteur que je viens de citer fait encore une recommandation d'une très-grande importance dont j'ai éprouvé toute l'utilité. « Une des » causes de l'insuccès de la greffe, dit-il, provient souvent de la » manière de préparer le sarment qui doit servir de greffe. Il faut

(1) *Œuvres agricoles* de Cazalis-Allut. Paris, librairie Victor Masson et fils.

» éviter d'enlever autant de bois d'un côté que de l'autre pour for-
» mer le biseau. Sans cette précaution, on met la moelle à nu des
» deux côtés, on la déplace en introduisant la greffe ; le sarment
» perd de sa consistance, il est écrasé par la compression du cep
» et l'opération manque. Il faut au contraire enlever d'un côté et
» d'un seul coup, si c'est possible, afin que la coupe soit plus unie,
» presque les trois quarts du sarment qui va servir de greffe, de
» telle sorte que la moelle ne soit apparente que dans le milieu de
» la coupe, et, de l'autre côté, il ne faut enlever guère plus que la
» peau qui recouvre le sarment. »

La seconde sorte de greffe qui me paraît capable de donner de bons résultats est la greffe à la gouge. Elle est ainsi décrite dans le récent ouvrage de M. Rose-Charmeux (1) : « On rabat le cep le
» plus ordinairement à 20 ou 25 centimètres du sol (2), et l'on
» ouvre une rainure sur le côté le plus lisse de ce cep, à l'aide
» d'une gouge recourbée. La rainure exécutée, nous prenons un
» plant enraciné et nous y ajustons le sarment après l'avoir écor-
» cé du côté de l'entaille, c'est-à-dire dans la partie qui doit s'y
» engager davantage. En somme, c'est tout bonnement le greffage
» par approche un peu modifié. Le vieux cep sert de sujet, et le
» plant enraciné que l'on met à côté, sert de greffe. La reprise
» des racines de ce plant favorise évidemment la soudure des tis-
» sus au point de rencontre du jeune bois avec le vieux. Rien
» n'empêche, à défaut de plants racineux, de greffer de la même
» manière une simple bouture. Dès que les greffes sont appliquées
» dans les rainures ou entailles ouvertes à la gouge, on les main-
» tient avec de la laine-corde et on recouvre la plaie d'une cire
» liquide ou d'un mastic quelconque. »

On doit surtout recourir à ce genre de greffe lorsqu'on veut remplacer une souche défectueuse au moyen d'un cep voisin de

---

(1) *Culture du Chasselas à Thomery*, par Rose-Charmeux. Librairie Victor-Masson.

(2) En pleine vigne de grande culture, il est préférable de retrancher les souches à quelques centimètres du sol. La reprise se fait plus facilement lorsque la greffe est recouverte de terre.

meilleure qualité; mais, dans ce cas, il faudra modifier le procédé de la manière suivante : Au lieu d'arracher la souche comme on le fait ordinairement pour établir un provin ou une couchée, on la tranche à 5 ou 6 centimètres au-dessous du niveau du sol, on pratique la rainure sur le côté qui fait face au sarment de remplacement, que l'on applique et que l'on maintient dans la rainure absolument comme il a été dit plus haut. L'année suivante, quand la reprise est complète, on retranche le sarment-marcotte et à son point de départ de la souche-mère et à quelques centimètres de son point de soudure au pied porte-greffe, puis on arrache le tronçon dès lors inutile.

Cette greffe en approche que je n'ai vu mentionner dans aucun ouvrage de viticulture, et que je crois peu ou point pratiquée, doit à mon avis être préférée au provignage toutes les fois qu'il est possible de l'employer. Elle a sur le provin un double avantage : d'abord elle n'épuise nullement la souche d'où est tirée la marcotte (le cep qui sert de sujet alimentant suffisamment la greffe), et puis cette greffe, ainsi alimentée, nourrit abondamment les raisins dont elle est chargée: double résultat qu'on est loin d'obtenir avec le provin comme chacun sait.

Plusieurs autres genres de greffes sont encore applicables à la vigne tant à l'état ligneux qu'à l'état herbacé : ce sont la greffe en placage, la greffe en navette, la greffe Hoïbrenk, etc., mais aucune ne donne d'aussi bons résultats que la greffe à la fente. Si la greffe à la gouge avec plants enracinés offre plus de chance de reprise que la greffe à la fente, jamais elle n'amène d'aussi fortes pousses, jamais elle ne constitue un cep aussi vigoureux. D'ailleurs la dépense pour les deux procédés est absolument la même, elle peut varier pour nos vignobles du haut Beaujolais, de 3 à 4 fr. par centaine de souches, suivant qu'on aura des ouvriers plus ou moins habiles. Le courant de mars, époque ordinaire de la première montée de sève, doit être choisi de préférence pour pratiquer les trois modes de greffe dont je viens de parler.

Maintenant, dans quelle condition est-il avantageux de recourir à la greffe en tant que mode de renouvellement de la vigne? Dans les sols légers, tels que ceux de nos coteaux, où la vigne s'épuise en peu d'années, la greffe ne peut et ne doit être employée qu'à remplacer par des *plants améliorés* les souches stériles ou les variétés mal appropriées aux cultures locales, lorqu'elles sont encore jeunes.

Dans les sols riches, au contraire, on peut en user non-seulement pour le remplacement des mauvaises variétés, mais encore pour le renouvellement complet des vieilles vignes. Lorsque les souches, couvertes de nodosités et de cicatrices occasionnées soit par la taille, soit par les coups de pioche, ne laissent plus circuler la sève que très-difficilement, on ne saurait mieux faire que de les ravaler à quelques centimètres au-dessous de terre et de les renouveler par la greffe. Nos vignerons sont généralement prévenus contre ce mode de restauration ou de renouvellement qui a, si on les en croit, le double tort d'être coûteux et d'une exécution difficile. Leur apprehension, bien qu'exagérée, ne laisse pas que d'être en partie fondée. Celui qui greffe pour la première fois s'expose à un mécompte s'il n'a pas à sa disposition des ouvriers rompus à ce genre de travail. C'est ce qui m'est arrivé, et j'avoue que je serais loin d'être un partisan de la greffe si je m'étais laissé rebuter par le peu de succès d'un premier essai. Cet essai comprenait plusieurs centaines de greffes sur chasselas, dont un tiers au plus avait réussi. Cependant j'avais fait exécuter ce travail par un jardinier habitué à pratiquer la greffe à la fente sur diverses espèces d'arbres. Persuadé qu'il était possible de faire mieux, je voulus, l'année suivante, tenter moi-même une nouvelle expérience; j'opérai sur un moins grand nombre de sujets, et, à ma grande satisfaction, les huit dixièmes de mes greffes réussirent parfaitement. Je dois dire que j'apportai tous mes soins à l'opération, et qu'elle fut conduite d'une tout autre manière que par le jardinier auquel j'avais confié mon premier essai. Une moitié de mes greffes furent faites à la fente (1) et l'autre moitié à la gouge. C'est ainsi que j'ai pu apprécier la valeur comparée des deux sortes de greffes dont je viens de parler.

(1) Suivant le *Mode de préparer la greffe*, recommandé par M. Cazalis-Allut.

Les répugnances qui se fondent sur la routine et sur la connaissance imparfaite des procédés sont difficiles et longues à vaincre : il est à craindre que celles de nos cultivateurs à l'endroit de la greffe persistent encore pendant un certain temps. Je veux croire cependant qu'elles disparaîtront lorsque les avantages importants de ce mode de renouvellement de la vigne, appliqué à la grande culture, seront clairement démontrés par les résultats obtenus.

L'expérience et l'application des faits ont une force et une autorité bien supérieures à celles de tous les raisonnements possibles. Je ne saurais donc donner une meilleure conclusion à ce qui vient d'être dit sur la greffe qu'en citant encore le maître que j'ai déjà nommé, M. Cazalis-Allut, le savant et riche cultivateur de l'Hérault, qui a transformé au moyen de la greffe, non pas des centaines de souches, mais des hectares de vignes. Après avoir exposé les doutes que l'on pourrait avoir et les objections que l'on pourrait faire, il ajoute : « De nombreuses expériences me permettent d'affirmer » aujourd'hui que, loin de nuire à la durée des ceps, la greffe » offre un moyen certain de les rajeunir, il me suffira, pour prou- » ver ce que j'avance, de citer le fait suivant :

» Je fis greffer, en 1830, une vigne qui était âgée de quatre- » vingts ans, cette vigne est aujourd'hui en aussi bon état qu'une » petite plantation de six rangées, qui fut ajoutée à cette vigne en » 1841. Les membres du jury de la prime d'honneur, qui vinrent » visiter mon domaine en 1859, ne purent constater aucune dif- » férence entre les ceps de la nouvelle plantation, qui n'avait alors » que dix-huit ans d'existence, et ceux qui, greffés en 1830, » avaient cent neuf ans lorsqu'ils furent examinés.

» L'utilité de la greffe est reconnue, aujourd'hui, par tous les » praticiens. Quel immense avantage ce moyen ne présente-t-il » pas en effet? Rajeunir une vigne, en changer l'espèce à volonté, » n'est-ce pas une opération précieuse ! »

Je m'arrête à cette citation, le cadre que je me suis tracé ne me permettant pas de donner les nombreux détails dans lesquels entre l'éminent viticulteur. Je renvoie à son remarquable ouvrage les personnes qui voudraient pratiquer la greffe de la vigne. Elles trouveront dans l'ouvrage de M. Cazalis-Allut, non-seulement un traité complet de la greffe, mais encore un compte-rendu des observations et des nombreuses expériences faites par lui sur l'œnologie et la viticulture, pendant sa longue et laborieuse carrière agricole.

TAILLE DU PETIT GAMAY.

Le petit Gamay a été de tout temps taillé à court-bois dans le Beaujolais, et dans les vignobles du Rhône et de Saône-et-Loire où il est cultivé. Ce vieil usage prouve que notre mode de tailler est le mieux approprié à sa constitution, à sa manière d'être et qu'on ne doit pas l'attribuer uniquement à la routine de nos vignerons. Il faut bien croire plutôt que cette manière de tailler est le résultat d'une longue expérience qui leur a enseigné que tous les yeux du petit Gamay, même les plus inférieurs, sont fertiles. Ils savent au contraire que sur les *mauvais plants* (1) les yeux inférieurs sont le plus souvent stériles, et qu'il faut allonger la taille pour les rendre productifs. Aussi, lorsqu'ils rencontrent quelques-uns de ces plants, ils ne craignent pas de leur faire porter de longs bois, ou *corgées*, de dix à douze nœuds pour les mettre en demeure de produire, ce qui n'aurait pas lieu par leur taille ordinaire. Pourquoi donc changeraient-ils leur manière de faire pour user de la taille à long-bois qui épuiserait en peu d'années leurs vignes ; pourquoi s'imposeraient-ils un surcroît de travail et de dépenses par des palissages, des rognages, quand ils savent qu'ils obtiennent un produit tout aussi abondant et meilleur (2) par une culture simple

---

(1) Nos vignerons appellent ainsi toutes les variétés de vignes peu fertiles, ne produisant qu'à la taille longue, telles que les Pineaux, noirs, blancs, gris. Dans beaucoup de vignobles ces derniers plants sont au contraire appelés *plants nobles*.

(2) Plusieurs essais gleucométriques faits dans le Beaujolais et la Bourgogne sur des raisins de vignes, cultivées à long-bois et à court-bois dans des conditions identiques de sol et d'exposition, ont toujours donné une différence très-marquée à l'avantage de la dernière taille.

et peu coûteuse qui ne nécessite l'usage de l'échalas que pendant six à huit ans. Le cep alors assez fort peut se soutenir seul et résister à l'orage. Après la taille et l'ébourgeonnement une simple ligature en paille ou en osier rassemblant tous les sarments en un faisceau, lorsque la fleur est passée: voilà tout le travail que demande notre mode de culture.

La taille de nos vignobles, quoique mieux entendue, mieux raisonnée, et surtout mieux exécutée que du temps de nos pères, est loin encore d'avoir atteint son dernier degré de perfection, si nous la comparons aux cultures horticoles et même à celles de quelques vignobles de la Suisse où l'on cultive une variété de Gamay à peu près semblable au nôtre. Nous apportons, il me semble, trop peu d'attention à une opération qui a une grande importance, puisque la bonne formation de la souche, la circulation facile de la sève, et conséquemment la vigueur et la durée du cep en dépendent évidemment. On pourrait, je crois, recommander au vigneron beaujolais, sans blesser son amour-propre, de mieux choisir le temps favorable à la taille; de veiller avec le plus grand soin à la bonne formation de la jeune souche; de viser un peu moins au produit, au détriment de la durée du cep et de la qualité du vin; enfin, d'employer exclusivement le sécateur qui lui procurerait le double avantage de faire mieux et plus vite qu'avec la serpe.

Des opinions bien diverses ont été émises et soutenues par des viticulteurs en renom, à propos de l'époque la plus favorable à la taille. Les uns prétendent que la taille précoce, c'est-à-dire celle faite avant l'hiver, est préférable, parce qu'elle hâte la montée de la sève et fortifie le cep. D'autres, au contraire, lui contestent ce double avantage et soutiennent, en citant des faits à l'appui, que la taille tardive, faite pendant ou après la montée de la sève, ne retarde ni cette ascension, ni l'époque de la floraison. Ce serait, il me semble, le cas d'appliquer ici le vieil adage : « Tiens le juste milieu. » En effet l'usage le plus général, celui qui a prévalu jusqu'à ce jour, est de tailler depuis le moment où les grands froids ont cessé, jusqu'aux premiers mouvements de la sève. Je dois dire cependant que, si j'avais à choisir entre ces deux extrêmes, je préférerais la taille précoce, à condition qu'elle soit faite d'une manière convenable. Forcé chaque année de tailler de jeunes vignes en novembre ou décembre, pour expédier des boutures dans des vignobles de l'est et du nord-est, où l'on plante avant l'hiver, j'opère autant que possible par un temps sec ; j'évite un trop grand froid, et s'il survient une pluie, de la neige ou du verglas, je suspends immédiatement le travail. Au lieu de faire couper le sarment entre deux nœuds, comme on en a l'habitude, je fais trancher sur le milieu du nœud, de manière que la lame du sécateur partage l'œil en deux ou passe immédiatement au-dessous. Au milieu de chaque nœud du sarment, se trouve une partie ligneuse qui forme autant d'étuis médullaires séparés qu'il y a d'yeux. En coupant immédiatement au-dessus de cette couche ligneuse, on met à l'abri des mauvaises influences de la température et la moelle et l'œil qu'elle doit nourrir, jusqu'au moment où il bourgeonnera. Depuis trois ans j'opère ainsi sur une jeune vigne sans qu'elle en ait le moins du monde souffert. J'ai remarqué qu'elle pousse tout aussi vigoureusement, et produit autant que celles de mes vignerons placées à côté et dans les mêmes conditions, sauf qu'elles sont taillées en mars ou février. Dans tous les cas, il sera toujours sans danger d'élaguer, avant ou pendant l'hiver, toutes les pousses venues le long des *cornes* sans toucher les sarments qui doivent former les coursons. Les vieilles vignes, sur lesquelles ces pousses sont les plus nombreuses, sont aussi celles qui peuvent le mieux résister aux rigueurs de l'hiver, parce qu'elles ont les tissus ligneux plus serrés et beaucoup moins de moelle. Il conviendrait donc toujours de commencer la taille sur elles, si l'on opère avant ou pendant l'hiver. Quelle que soit d'ailleurs l'époque que l'on choisisse, on doit toujours éviter un temps de brouillard, de neige ou de pluie. Je ne saurais trop insister sur ce point. Quoiqu'au premier abord il semble que le sarment ne puisse subir l'influence d'une mauvaise température, l'expérience est là pour nous prouver combien, au contraire, elle est à redouter. Lorsque la coupe est restée assez de temps à l'air sec, pour que les pores du bois soient resserrés par la dessiccation, le cep peut braver impunément toutes les intempéries : il n'en est pas de même lorsque la coupe, encore fraîche, est exposée au froid et à la pluie.

Après ces considérations générales, passons à la taille proprement dite.

Contrairement à l'usage répandu dans beaucoup de vignobles, où l'on ne taille les jeunes vignes qu'à leur troisième feuille, nous *serpons* nos *plantiers* dès la première année, afin d'obtenir à la troisième un cep complètement formé et en état de produire. Traité différemment, notre petit Gamay serait retardé dans sa mise à fruit : en effet, sur le jeune cep non taillé, la sève se porte toujours à l'extrémité du sarment, laissant sans nourriture les yeux inférieurs qni restent alors à l'état rudimentaire. A la troisième année, lorsque ces vieux bois sont retranchés, la sève ne trouvant pas une issue suffisante par ces yeux mal constitués, fait développer par sa force d'ascension tous les yeux latents qui existent à la base. De là résulte une végétation désordonnée qui n'est rien moins que favorable à la production. En taillant, au contraire, dès la première feuille, on commence à établir les branches-mères : à la troisième, les yeux bien constitués des jeunes coursons produisent une bonne demi-récolte : à la quatrième année, le cep est en plein rapport, tandis que par la première méthode, il n'y arriverait qu'à la cinquième. Nous ne devons pas nous dissimuler cependant qu'en faisant produire nos jeunes vignes avant qu'elles soient pourvues de fortes racines, nous nous exposons à les ruiner prématurément ; il est donc indispensable, comme nous l'avons déjà dit plus haut à l'article plantation, de prévenir cet épuisement par une forte fumure mise en couverture, en août ou septembre, sur la jeune vigne de deux ans.

La taille des jeunes vignes, depuis leur première feuille jusqu'à la cinquième ou sixième, ne doit être confiée qu'au vigneron-chef ou à un ouvrier habile. Avant tout, il doit se préoccuper de la nature du plant qu'il a sous la main, et de la qualité du terrain où il est cultivé. Dès qu'il s'écartera de ce principe, il sera exposé à l'une de ces deux alternatives également préjudiciables: ou il ne fera pas produire au cep tout ce qu'il peut produire, ou bien il l'épuisera par une surcharge. Sur un plant vigoureux et dans un sol riche, on peut établir quatre ou cinq branches coursonnes, et tailler parfois à trois yeux, sans crainte d'épuiser le cep : dans un sol léger et sur un plant à constitution fructifère, trois coursons et deux yeux de taille sont le plus souvent une surcharge. Que l'on forme le cep sur trois ou sur quatre branches coursonnes, ces branches devront être établies le plus près de terre possible, et écartées symétriquement entre elles, de manière à former un vase ou gobelet. Pour que leur prolongement se fasse toujours en ligne droite, sans former de coudes ou de jarrets, on choisira autant que possible un des yeux de taille en dehors, le plus bas, préférablement à l'œil terminal combiné. Par là on maintiendra le cep plus près de terre, tout en évitant une coupe ou entaille que l'on aurait eue en plus si la taille s'était faite sur le sarment supérieur. Ce dernier avantage mérite d'être pris en considération, car sur la vigne les coupes se recouvrent, mais laissent toujours exister une certaine épaisseur de bois desséché, qui gêne la circulation de la sève et devient une des causes évidentes du peu de vigueur et du dépérissement de nos vieilles vignes. Il est donc très-important de multiplier ces coupes le moins possible. Nous reviendrons sur ce sujet en parlant de l'ébourgeonnement.

Lorsqu'il n'est pas possible de disposer d'un œil en dehors, on pourra le choisir latéralement, mais jamais en dedans, parce que le sarment qu'il produirait resserrerait le cep, inconvénient qu'il faut toujours éviter afin d'obtenir une aération plus complète et une maturité plus facile. Il est très-essentiel de maintenir l'équilibre de végétation entre les branches coursonnes, pour que les unes ne s'emportent pas au détriment des autres. On évitera cet inconvénient en choisissant, pour former les trois ou quatre cornes, des sarments d'une force égale, retranchant ceux qui seraient trop faibles ainsi que ceux qui paraîtraient trop vigoureux. Si, malgré ces précautions, un des sarments prenait un accroissement nuisible à l'équilibre, il sera taillé plus court et pincé sur la quatrième ou cinquième feuille, au moment de l'accolage de la vigne. Ce simple pincement suffira pour arrêter le courant superflu de sève qui affluait sur ce gourmand,et le déverser sur les autres sarments tenus intacts.

Lorsque la vigne arrive à vingt ou trente ans d'existence, les cornes sont couvertes de nodosités et de cicatrices, le sarment pousse moins vigoureusement, la production diminue. L'arrêt qu'opposent à la circulation de la sève les cicatrices des branches, contribue à ce dépérissement au moins autant que l'épuisement du sol. Pour renouveler les souches et ramener la production, le provignage est employé dans un grand nombre de vignobles. Le Beaujolais n'use pas de ce moyen. Lorsque nos vignes cessent de produire, nous les arrachons pour laisser reposer le sol par un assolement de sept à huit ans, et nous replantons ensuite.

Il est d'usage, avant d'arracher la vigne, de la charger de *corgées* ou longs bois repliés en arceaux : c'est ce que nos vignerons appellent *baguer*. Cette manière de faire me paraît irrationnelle, car si la sève de chaque souche n'a pas suffi à alimenter les six ou huit bourgeons produits par trois ou quatre cornes, comment pourra-t-elle amener à bien ce même nombre de bourgeons, lorsque le cep sera surchargé d'un long bois porteur de huit ou dix yeux? Tout semble aller à souhait jusqu'à l'époque de la fleur, mais au moment où le fruit commence à se former, toutes les espérances s'évanouissent. De tant de belles grappes fleuries, il ne reste au bout du compte que la *rafle* ou quelques grains chétifs et avortés. Ne vaudrait-il pas mieux, lorsque la vigne repose sur un sol tant soit peu riche, procéder à un ravalement partiel ou complet? Sur les vieilles vignes surgissent chaque année des pousses adventices, soit le long des branches coursonnes, soit au collet ou à la base de la souche : ces dernières sont préférables. Le vigneron ménagera, dans le courant de l'année, les pousses les plus convenablement placées, et lors de la taille, avec un fort sécateur, il tranchera les cornes qu'il voudra remplacer à un ou deux centimètres au-dessus du sarment, taillé à deux ou trois yeux. Cette coupe sera faite plutôt inclinée qu'horizontale, surtout si on rabat au-dessus de terre. Lors même qu'il n'existerait pas de pousses le long des *cornes* ou au collet du cep, on pourra toujours le trancher à niveau du sol ou préférablement à quelques centimètres au-dessous. Les pousses qui sortiront de terre ne produiront rien la première année; mais par un ou deux pincements on les mettra en demeure de produire l'année suivante. Ce rapprochement du cep ne produira jamais un aussi bon résultat que la greffe, mais pour les personnes qui craindraient une trop grande dépense, ou qui ne voudraient pas courir les risques d'une reprise plus ou moins certaine, le ravalement de la souche pourra être employé comme un moyen certain de prolonger l'existence et le rendement d'un vignoble. J'ai vu des vignes ainsi renouvelées se maintenir dans des sols médiocres, pendant de longues années, dans une bonne production et une belle vigueur : à plus forte raison elles s'en trouveraient bien dans un sol riche.

Le Sécateur, cet excellent et précieux instrument, exclusivement employé en horticulture pour la taille de la vigne, et d'un usage général dans plusieurs vignobles de France, notamment dans l'Hérault, est à peu près inconnu de nos vignerons. Est-ce prévention, est-ce ignorance, soit des propriétaires qui craignent de mettre cet outil dans les mains de leurs vignerons, soit de ceux-ci qui refusent de l'accepter dans la crainte de n'en pas obtenir un bon résultat? Je crois qu'il y a de l'un et de l'autre. Toujours est-il qu'en Beaujolais on a jusqu'ici négligé ou repoussé l'emploi du Sécateur. On a eu grand tort selon moi. On lui reproche de mâcher le bois et de faire une coupe moins nette que celle de la serpe. Ce double reproche n'est pas fondé : Le bois n'est mâché et la coupe défectueuse, que lorsque l'instrument employé est mauvais ou mal affûté, ou bien quand l'ouvrier n'a pas soin de tenir toujours le croissant en dessus et la lame en dessous. S'il opère de cette manière, le rameau enlevé souffre seul du froissement rendu impossible sur la partie inférieure. Mais cette précaution, indispensable quand la coupe se fait près d'un œil terminal, n'est pas même nécessaire pour la taille de la vigne où il est de règle de s'écarter de cet œil. Dans ces conditions le froissement serait sans danger, lors même qu'il aurait lieu.

On reproche encore au sécateur de couper difficilement et

assez près les pousses qui se développent le long des branches coursonnes. Je puis affirmer, après une longue pratique, que la section de ces pousses se fait plus habilement et tout aussi bien avec le sécateur qu'avec la serpe; il suffit pour cela d'un bon instrument et d'un peu de pratique. Il n'est guère possible de tailler à la serpe sans que les ceps reçoivent d'assez fortes secousses. Or, ces secouses sont très-nuisibles aux jeunes vignes, parce que leurs racines encores faibles et peu profondes ne sont pas assez solidement fixées dans le sol, elles ne nuisent pas moins aux vieilles vignes dant les cornes deviennent très-cassantes, par suite des nodosités nombreuses qui les recouvrent. Ce grave inconvénient de la serpe n'existe pas avec le sécateur.

La tradition et les vieux usages sont dignes de tous nos respects, et nous devons nous garder de les abandonner aussi longtemps que leur mérite nous est démontré. Mais la routine qui s'obstine aux procédés reconnus mauvais doit être combattue; il faut l'attaquer avec une énergie plus grande encore que sa ténacité. Je crois que c'est ce qui convient de faire en vue du remplacement de la serpe par le sécateur. Que les propriétaires et les vignerons amis du progrès et de la bonne culture, donnent le bon exemple, en taillant exclusivement avec le sécateur, et je ne doute pas que les excellents résultats obtenus ne frappent bientôt les yeux les plus prévenus et ne convertissent les plus obstinés partisans de la serpe.

Un petit essai que j'ai fait prouvera que je n'avance rien de trop. En 1864, je donne des sécateurs à deux ouvriers d'une intelligence et d'une adresse très-ordinaires. Leur coup d'essai ne fut pas encourageant. Après deux jours ils étaient tout prêts à jeter au rebut cet engin, selon eux, bien inférieur à la serpe. Je persistai néanmoins, j'exigeai qu'on se servît exclusivement et quand même du sécateur. Au bout de quinze jours, mes deux vignerons étaient l'un comme l'autre complétement familiarisés avec leur nouvel outil. En 1865 ils en ont fait un si bon usage, que les vignerons qui taillaient à la serpe, à coté d'eux, faisaient un tiers d'ouvrage de moins et le faisaient moins bien. Aujourd'hui il y aurait plus de peine à faire reprendre la serpe à ces deux cultivateurs, que je n'en ai eu pour la leur faire abandonner.

Pour opérer vite et bien, il faut choisir un sécateur plutôt petit et léger que grand et lourd: 20 centimètres pour sa longueur totale, soit 14 de levier et 6 de lame, me parait être la meilleure dimension. Elle permet à l'ouvrier de manier son instrument avec prestesse et de le présenter facilement dans toutes les positions necessitées par les diverses sections à opérer.

EBOURGEONNEMENT ET ROGNAGE.

Malgré tous les soins donnés à la taille, malgré tout ce que l'on peut faire pour retrancher, le plus près possible des branches coursonnes, les sarments mal placés, les gourmands et les rameaux adventices qui s'y sont développés, il est rare qu'il ne surgisse pas, dans le courant de la végétation, de nouvelles pousses inutiles et même nuisibles. Deux moyens se présentent pour les supprimer : l'ébourgeonnement qui consiste à détacher avec les doigts les jeunes pampres inutiles, dès qu'il est possible de distinguer la forme du raisin, ou bien la taille sèche à la serpe ou au sécateur. Il suffira d'indiquer quelques-uns des avantages du premier, pour montrer qu'il devrait être employé exclusivement par tous les vignerons soigneux et intelligents. Outre que l'ébourgeonnement en vert est de beaucoup plus expéditif et moins coûteux que la taille sèche, ce mode d'opération est surtout préférable, parce qu'il détache le jeune rameau jusque sur son empâtement sans produire aucune cicatrice sur la branche coursonne. Cet avantage doit être pris en sérieuse considération, car il est incontestable que la circulation difficile de la sève, et, par suite le dépérissement du cep, ont pour cause principale les trop nombreuses cicatrices qui s'accumulent d'années en années sur les cornes de la vigne, par les retranchements répétés, à chaque nouvelle taille. Lorsque les bourgeons adventices ont été enlevés à l'état herbacé, les sarments porteurs profitent de la sève qui aurait été déversée inutilement sur des rameaux stériles, si l'on avait attendu la taille de l'hiver pour les supprimer. Ces sarments, bien alimentés par la sève, porteront de beaux et bons raisins bien aérés et mieux réchauffés par les rayons du soleil que s'ils avaient été recouverts par les nombreuses feuilles des pampres abattus. Parmi les pousses adventices, qui surgissent du collet du cep ou le long des *cornes*, un grand nombre, surtout dans les plants améliorés, sont porteurs de raisins plus ou moins bien constitués. Il est rare que le vigneron se décide à sacrifier ces raisins, dans l'espoir qu'ils augmenteront d'autant sa récolte. C'est à mon avis un calcul faux et dangereux : faux, parce que s'il arrive parfois que dans des sols riches et sur de jeunes vignes, toutes ces pousses irrégulières amènent bien leurs fruits, sans nuire aux branches spéciales, le plus souvent aussi ces fruits avortent et font avorter la fructification régulière; dangereux, parce qu'en calculant ainsi, il s'expose à ruiner sa vigne en peu d'années, pour ne pas l'avoir débarrassée à temps de ses pousses nuisibles. En effet, tout ce qui est produit anormalement par les pousse adventices, est ôté à la bonne formation des sarments qui doivent prolonger la branche coursonne à laquelle il est indispensable de conserver toute la vigueur possible. Avec un sol léger et des plants fertiles, l'ébourgeonnement est de toute nécessité, son emploi deviendra d'autant plus nécessaire que le cep sera resserré dans un espace plus restreint.

Si le manque de sève est la cause principale du dépérissement du cep, son excès cause bien souvent aussi la coulure et l'avortement des grappes dans les jeunes vignes déjà pourvues d'échalas, surtout celles provenant de plants à constitution ligneuse. Il est généralement d'usage de retrancher ces pampres trop vigoureux à la hauteur de l'échalas, afin de refouler au profit du raisin la sève qui afflue en pure perte à l'extrémité des rameaux. On doit même y revenir une seconde fois, si des faux bourgeons se développent trop vigoureusement. L'excès de sève doit toujours être combattu par le rognage et le pincement, plutôt que par une surcharge. Il sera toujours plus facile de modérer un peu trop de vigueur dans une jeune plante, que de la ramener dans un cep épuisé. Car, comme le dit un vieux proverbe : Il vaut mieux se servir de la bride que du fouet.

Les jeunes pampres provenant, soit de l'ébourgeonnement, soit des rognages, sont une excellente nourriture pour le bétail. Les vaches du vigneron mangent avec avidité ces pousses fraîches pendant les grandes chaleurs de juin et de juillet ; elles communiquent au lait et au beurre un excellent arôme.

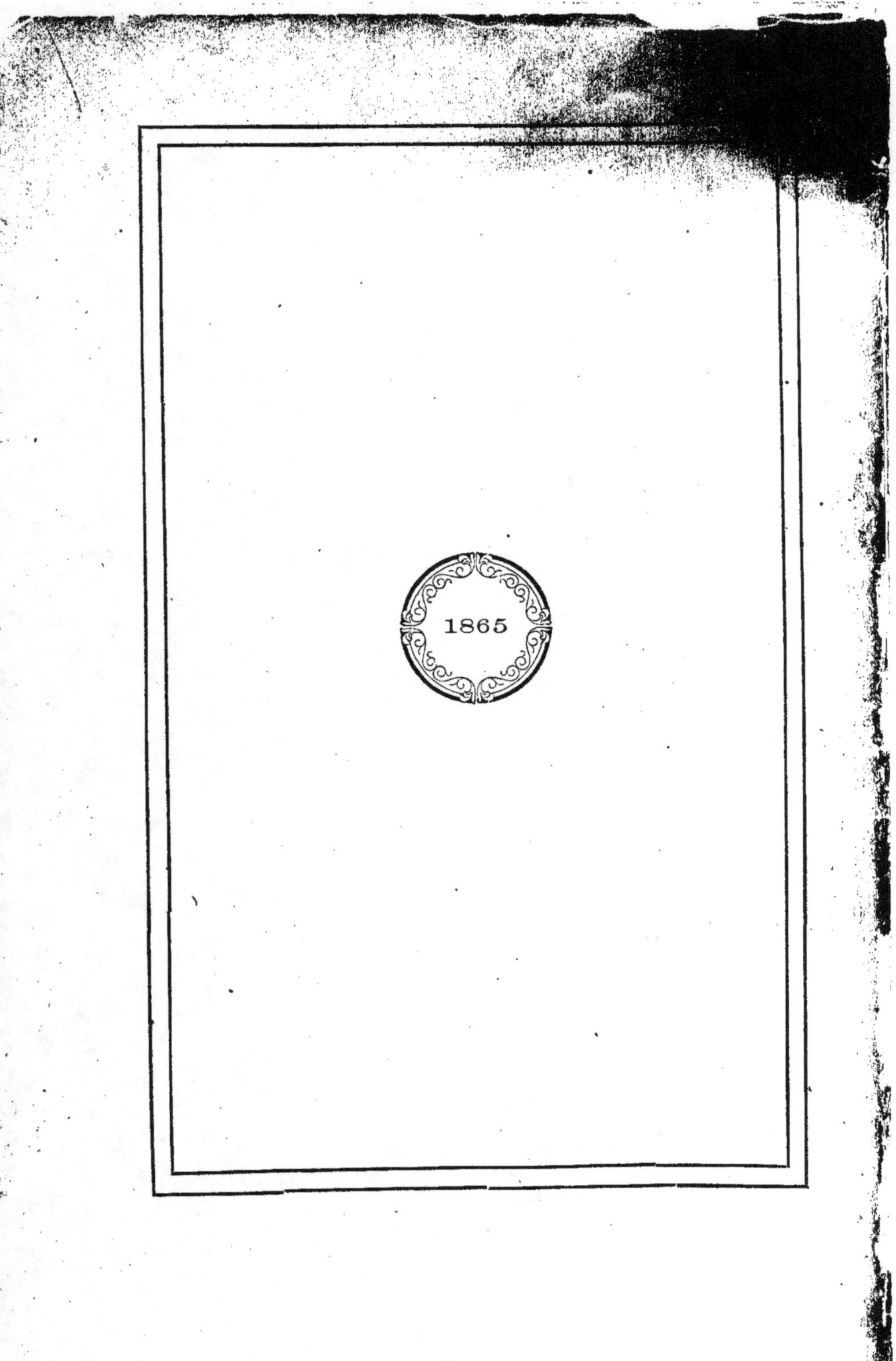
1865

www.ingramcontent.com/pod-product-compliance
Lightning Source LLC
LaVergne TN
LVHW050503160826
845677LV00003B/917

* 9 7 8 2 3 2 9 6 4 6 0 1 5 *